爱抱怨，怎么办？
摆脱负面思维，学会正面思考

What to Do When You Grumble Too Much
A Kid's Guide to Overcoming Negativity

[美]道恩·许布纳（Dawn Huebner） 著
[美]邦妮·马修斯（Bonnie Matthews） 绘
汪小英 译

化学工业出版社
·北京·

What to Do When You Grumble Too Much: A Kid's Guide to Overcoming Negativity, the first edition by Dawn Huebner; illustrated by Bonnie Matthews.
ISBN 978-1-5914-7450-0
Copyright © 2007 by the Magination Press, an imprint of the American Psychological Association (APA).
This Work was originally published in English under the title of: **What to Do When You Grumble Too Much: A Kid's Guide to Overcoming Negativity** as a publication of the American Psychological Association in the United States of America. Copyright © 2007 by the American Psychological Association (APA). The Work has been translated and republished in the **Simplified Chinese** language by permission of the APA. This translation cannot be republished or reproduced by any third party in any form without express written permission of the APA. No part of this publication may be reproduced or distributed in any form or by any means, or stored in any database or retrieval system without prior permission of the APA.

本书中文简体字版由 the American Psychological Association 授权化学工业出版社独家出版发行。

本版本仅限在中国内地（不包括中国台湾地区和香港、澳门特别行政区）销售，不得销往中国以外的其他地区。未经许可，不得以任何方式复制或抄袭本书的任何部分，违者必究。

北京市版权局著作权合同登记号：01-2024-5545

图书在版编目（CIP）数据

爱抱怨，怎么办？：摆脱负面思维，学会正面思考 /（美）道恩·许布纳（Dawn Huebner）著 ；（美）邦妮·马修斯（Bonnie Matthews）绘 ；汪小英译. -- 北京：化学工业出版社，2025.2. --（美国心理学会儿童情绪管理读物）. -- ISBN 978-7-122-46895-6

Ⅰ. B804-49

中国国家版本馆 CIP 数据核字第 2024SS8537 号

责任编辑：郝付云　肖志明　　　　　装帧设计：大千妙象
责任校对：赵懿桐

出版发行：化学工业出版社（北京市东城区青年湖南街13号　邮政编码100011）
印　　装：北京新华印刷有限公司
787mm×1092mm　1/16　印张$5^3/_4$　字数50千字　2025年5月北京第1版第1次印刷

购书咨询：010-64518888　　售后服务：010-64518899
网　　址：http://www.cip.com.cn
凡购买本书，如有缺损质量问题，本社销售中心负责调换。

定　价：29.80元　　　　　　　　　　　　　　　　　　　　　　　版权所有　违者必究

目 录

写给父母的话 / 1

第一章
你遇到障碍了吗? / 6

第二章
什么是负面思考? / 12

第三章
负面思考是如何形成的? / 20

第四章
让大脑变得更有弹性 / 28

第五章
练习1:跨栏 / 36

第六章
找一个教练 / 44

第七章
练习2:把不愉快抛在身后 / 54

第八章
练习3:转换思维模式 / 60

第九章
练习4：击掌游戏 / 66

第十章
生气了，怎么办？ / 72

第十一章
怎样保持积极的心态 / 78

第十二章
你能做到！ / 86

写给父母的话

有些孩子就像安装了雷达，随时都能发现问题。不管什么事，他们总有办法发现问题，并且给出自己的意见，哪怕这个问题无关紧要。

如果孩子总是将问题放大，经常有负面看法，家长就要花费更多的心思。如果您恰好有一个爱抱怨的孩子，您对此可能更有感触。为了孩子能够开心快乐，您费尽心思给他买各种玩具，带他去游乐园，听他讲并不好笑的笑话，玩游戏时故意输给他，做他喜欢吃的食物，满足他的各种要求。您的孩子可能也一直很开心。

实际上，只要一切顺利，倾向于负面思考的孩子通常会很快乐，但现实生活中总会有各种各样的问题，比如，游乐园的游乐设施坏了，您忘了给孩子拿蓝莓酸奶，一个要好的朋友跟别人坐在一起。这时，他就容易发牢骚，抱怨（或者比抱怨更严重的行为）就要开始了。对于容易负面思考的孩子，一点小事就会让他很长时间都不开心。

容易负面思考的孩子是发现问题的大师，总能注意到各种问题，就好像不完美、不公平的事情总是出现在他们面前，还被放大了100倍。他们觉得需要指出什么是错的或是不公平的。这些孩子往往小题大做，尤其当别人试图说服他们放弃那些看法时，他们会更加生气。

负面思考和悲伤不同，它不是说孩子正在努力理解一些痛苦的生活事件，比如火灾、宠物死亡或父母离婚。负面思考也不同于抑郁，抑郁的特征是持续的悲伤和易怒。相反，负面思考是一种认知类型，是一种思维方式——不仅是一种情绪，还是一种生活态度。

负面思考的特征是倾向于关注那些不好的事情，即使有很多好事情发生。有负面思考倾向的孩子即使有满满一桌的礼物，也会问为什么没有某个特别的玩具；尽管您陪他玩了一整天，但如果您拒绝陪他看一部电影，他马上就会噘嘴生气。他们通常很开心，但他们的满足感很脆弱。即使没有明显的压力，他们也会经常抱怨。

抱怨很难得到别人的共情。面对孩子的抱怨，父母也很难共情，只会感到困惑，他们会问孩子："你为什么难过？"或者想要给孩子讲道理，比如："你也喜欢花生酱，你为什么不吃点这个呢？"有时候，孩子的抱怨会让父母很生气："你真是百般挑剔！对你来说什么都不够好！我不知道你为什么要这么费劲。"通常情况下，父母会心平气和地跟爱负面思考的孩子争论。

现在，我们的目标不只是简单地停止抱怨。容易负面思考的孩子即使停止抱怨也会生闷气。我们要教给孩子有关负面思考的知识，并激励他们去积极应对。这能帮助他们在面对挫折时更有韧性，也能为他们提供一些方法去专注于积极的事情，而不是陷入消极情绪不能自拔。

陷入消极情绪的孩子不是有意选择了这样的认知方式，绝大多数孩子甚至不知道消极情绪意味着什么，他们会为自己的消极情绪辩解："我没有总是抱怨啊！"这可能是您的孩子看到这本书的第一反应。但当你们开始一起阅读时，孩子会迷上这本书。《爱抱怨，怎么办？》这本书深切体会了孩子的心理，细致幽默地引导孩子了解消极情绪及其危害。有负面想法的孩子遇到问题很容易闷闷不乐，不知道该怎么办。这本书会用练习和说明告诉孩子应当怎样做。

本书以治疗师广泛运用的认知行为理论为基础，并进行了一些调整，以适用于儿童。父母和孩子一起阅读，效果会更好。找个合适的时间，准备好纸和笔，每次读1~2章，陪孩子一起做做书中的练习，和孩子讨论一下书中的例子。孩子需要时间来吸收和消化新想法，尝试新策略。孩子的成长离不开一点一滴的改变。

给孩子看这本书，就是要孩子尝试新的思维方式，您也许从中也能改变——不要再试图阻止孩子的消极情绪了，不要去讲大道理，并且尽量不要生气，而要能够识别负面思考的形式。

与其回应孩子抱怨的细节，不如理解他的感受。您可以说："听起来你真的很不开心"，或者"哇，看得出来，这真的让你很烦"。然后，您可以用书中的例子，提醒孩子使用新方法，鼓励孩子朝正确方向迈进。可以幽默，但不要嘲讽孩子。

要坚信孩子能够学会这些新的思考方式。积极展望孩子的成功，这样能够促使成功成为现实。

负面思考常会存在于整个家庭里。如果您倾向于负面思考，您可以尝试和孩子一起做书中的练习。如果发现自己的感觉和反应太难改变，您在帮助孩子时可能就需要专业指导。如果负面思考严重干扰了孩子的生活，请立即咨询儿科医生或心理健康专家。对于一些孩子来说，最好用这本书作为心理治疗的辅助手段。

对成年人和儿童来说，负面思考可以通过本书介绍的认知行为策略来矫正。孩子可以学会识别并摆脱负面思考模式。这需要一些练习，一旦孩子掌握了窍门，事情就容易多了。正如您所知，正面思考会不断强化，如果它能够让你们感觉更好，就会更好地发挥作用。最重要的是，它能让孩子（还有父母）变得更快乐。

第一章

你遇到障碍了吗？

你有没有参加过障碍赛？

如果有，你会看到，赛道上布满了各种各样难以穿越的障碍。你要跨过栏架，爬过隧道，穿过各种形状的障碍物，走过平衡木，才能到达终点。

很多孩子一看到障碍赛道,就会想:哇!这看起来很有趣。于是,他们全速前进,跨过栏架,在各种障碍物间穿梭。

在障碍赛场上,跨越每一个障碍都好像是一次小小的探险。

如果你要准备参加障碍赛,请在下面的图中画一画你将怎样克服或通过这些障碍物。

现在想象一个喜欢跑步但却从未见过障碍赛的孩子。他以最快的速度出发了，到达了第一个栏架前。

等一下！这个栏架挡住了他的路。

他停下来，看着栏架，可栏架一动不动。像许多遇到障碍物的孩子一样，他非常**生气**，大喊："走开！"

栏架还是一动不动。

他说:"这不公平!"

栏架仍然没有动。现在他真的生气了,上去就踢了这个栏架一脚,但这个栏架仍然不动。

他想:这个栏架真是太讨厌了!它挡住了我的路,现在还弄疼了我的脚趾。

他在那里停了很久,对着栏架大吼大叫,不停地抱怨。

对这个被栏架挡住的孩子,你有什么建议吗?
(提示:如果这个孩子就是你,你会怎么做?)

把你的建议写下来。

如果你写了"跨过去",那就奖励自己一颗星,你非常清楚该怎么做。

你知道吗？生活就像障碍赛道，有很多棘手的障碍需要克服。

有些孩子，也许你正是这样的孩子，特别擅长发现障碍物，但是总是被卡住，不知道该如何做。

他们忘记了这些障碍物需要跨过去，反而抱怨起来。他们会说："这不公平！"他们还会感到愤怒或难过，因为障碍物挡住了路。

如果你遇到了很多障碍，也是不停抱怨它们，那么这本书就很适合你。它会教你用一种新的方式来看待障碍，思考如何才能跨过它们。

什么是负面思考?

事情并不总是如愿。

妈妈允许你买一本你喜欢的新书,可是等你到了书店,这本书却卖完了。

妹妹想跟你玩游戏,她非要玩上课游戏,而你想玩逛宠物店的游戏。

爷爷带你去餐馆吃饭,但是忘了跟服务员说不要放你不喜欢吃的西红柿,结果你的汉堡包里夹了一大片西红柿!

这三件事情里，每一件事情都有好的方面，也有不好的方面，把它们列出来吧。

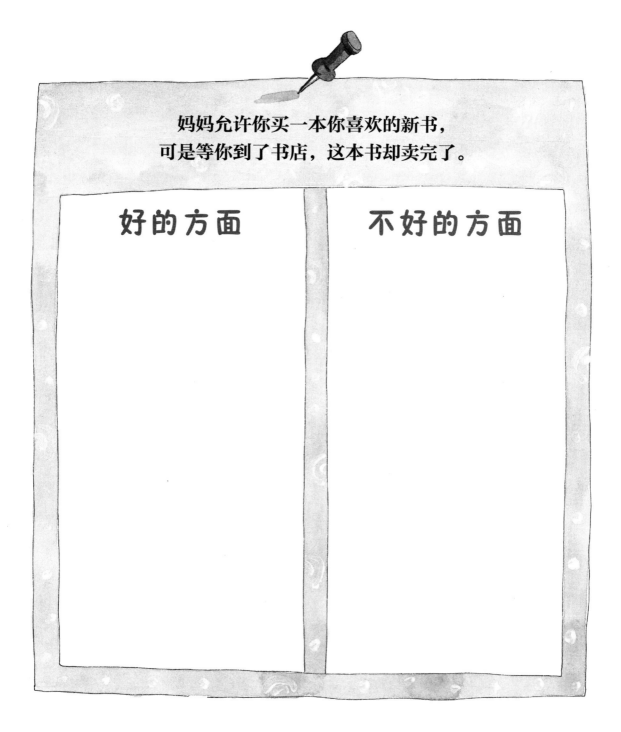

妈妈允许你买一本你喜欢的新书，可是等你到了书店，这本书却卖完了。

好的方面	不好的方面

妹妹想跟你玩游戏,她非要玩上课游戏,
而你想玩逛宠物店的游戏。

好的方面	不好的方面

爷爷带你去餐馆吃饭,但是忘了跟服务员说不要放你不喜欢
吃的西红柿,结果你的汉堡包里夹了一大片西红柿!

好的方面	不好的方面

当一件事情既有好的方面，也有不好的方面时，你就要作出选择。你可以关注不好的方面，为之烦恼，也可以去关注好的方面。

负面思考意味着总是关注事情不好的方面。

习惯负面思考的孩子总是很快注意到事情不好的方面，他们认为不好的方面无比严重，不可忍受。

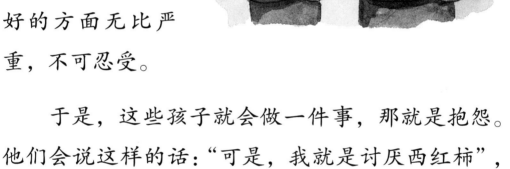

于是，这些孩子就会做一件事，那就是抱怨。他们会说这样的话："可是，我就是讨厌西红柿"，或者"总也玩不上我想玩的游戏"。

只关注事情不好的方面的人叫作**悲观主义者**。悲观主义者总认为事情不会得到解决，并且很难改变自己的想法。当问题出现时，他们会立刻指出来。有时不好的方面让他们极其苦恼，以至于无法看到那些好的方面。

你觉得习惯负面思考的人是什么样子的？

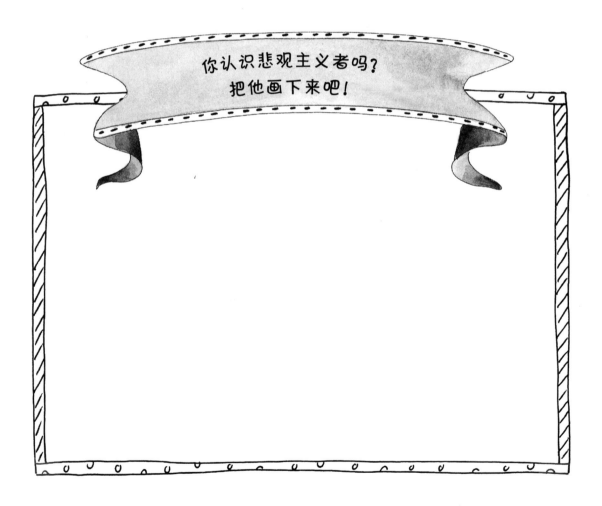

你认识悲观主义者吗？把他画下来吧！

有些人总是关注一件事情好的方面,他们期待会有好事发生,虽然他们也注意到一些问题,但却不会太在意,这些人就是乐观主义者或正面思考者。

你觉得习惯正面思考的人是什么样子的?

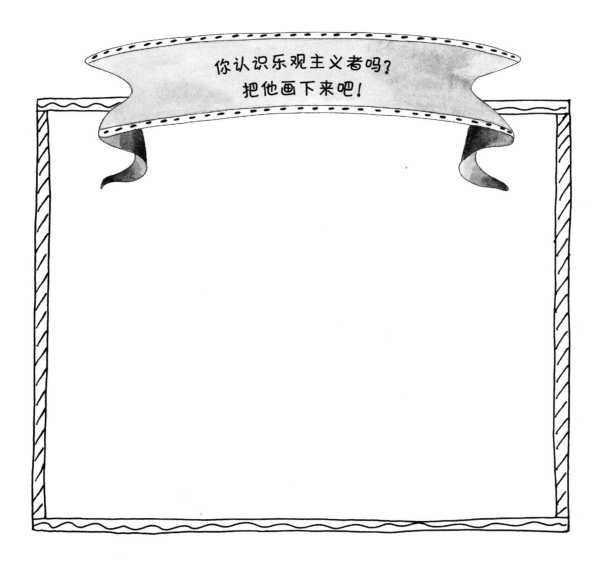

你认识乐观主义者吗?把他画下来吧!

当然，没有人总是一直采取正面思考或者负面思考的方式，但人们确实会有这样或那样的倾向。

那些倾向负面思考的人往往没有意识到这一点。他们就像拿着一个奇怪的放大镜，总能把不好的事物变得很大，把好的事物变得很小。但他们没有意识到自己在拿着放大镜，在他们看来，不好的事物本来就那么大。

你经常拿着这样的放大镜吗？你是否经常觉得问题很大，很难看到任何好的方面？

圈出你的答案吧。

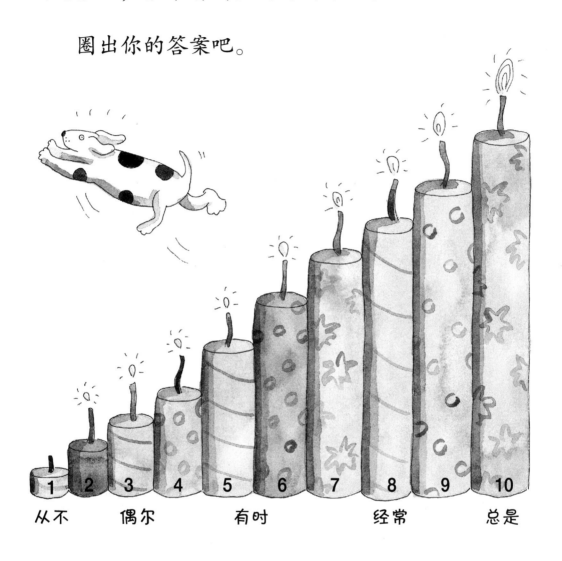

如果你有时倾向于负面思考，这本书会帮助你学习解决问题的新方法。

如果你大多数时候都是负面思考，那么练习书中的内容会帮助你变得更加乐观。

负面思考是如何形成的？

你可能会认为，倾向于负面思考的人之所以会这样，是因为坏事总是发生在他们身上，但其实并不是这样。

一个人倾向于正面思考还是负面思考，与他真正遇到什么事情没有多大关系。相反，它取决于一个人如何看待自己遇到的事情。也就是说，取决于他头脑中的想法，而不是实际发生的事情。

这怎么可能呢？接下来，我们做个小实验。

用马克笔将一个杯子的下半部分涂上你喜欢的饮料的颜色,假设此时你非常渴。

你会说杯子有一半是满的,还是一半是空的?

你是注意到杯子里有你最喜欢的饮料等着你去喝,还是注意到杯子里的饮料没有装满?

假如你看着杯子心里想：太棒了，这是我最爱喝的！你会有什么样的表情呢？在右边的图中画出你的表情。

假如你看着杯子心里想：我太渴了，这点饮料根本不够我喝！你会有什么样的表情呢？在左边的图中画出你的表情。

由此可见，让你高兴或抱怨的，并不是饮料，而是你大脑里的想法。不论你怎样想，杯子里都是半杯饮料。所以，一件事是好事还是坏事，取决于你的想法。

那么,负面思考方式是后天形成的还是天生就有的呢?

科学家也不太清楚,似乎有些人的大脑就是比较容易想到高兴的事情,而有些人的大脑倾向于盯着问题并且将它们放大。

要想更好地理解这件事,我们先想想自己的身体。你习惯用右手还是左手?把你写字用的那只手圈起来。

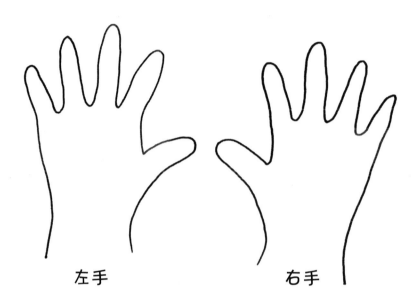

左手　　　　　　　右手

如果你习惯用右手,那你的右半部分身体比左半部分身体更有力。如果需要提重东西,你会用右胳膊。

如果你骑滑板车,要用一条腿蹬地前行,你会发现左腿比起右腿更容易累。

对于习惯用左手的人来说,情况正好相反。如果你习惯用左手,你的左半部分身体更有力。

踢球时，你习惯用哪条腿？如果你习惯用右手，你可能会用右腿；如果你习惯用左手，那你可能会用左腿。

如果你不得不用与习惯相反的那条腿踢，你会感觉有点别扭，你可能会踢歪球，也可能没踢出去多远。

为什么呢？

因为你没用对腿，效果可能不太好。不常用的这条腿的肌肉缺乏锻炼，相对比较弱。

可是，如果你想成为足球冠军，两条腿都要踢得好，你应当怎样做呢？

如果你想让另一条腿也能把球踢得又高又远，你需要加强锻炼，让这条腿变得强壮有力。你需要不断练习用这条腿踢球，要反复练习很多遍。

实际上，锻炼可以使身体的每一个部位变得强壮。想一想可以使身体的某个部位变强壮的运动方式，把它们写在下面吧！

现在，你知道了锻炼可以使身体变得强壮，那你知道大脑也可以通过训练得到强化吗？

如果大脑中负面思考的部分比较发达，你可以训练大脑来强化正面思考的部分。

科学家已经发现，人们可以通过思维训练来改变大脑的思维模式。

练习正面思考可以强化大脑中正面思考的部分。让大脑的这部分保持强健，也会让你变得更快乐。

第四章

让大脑变得更有弹性

有些东西灵活有弹性,也就是说它们可以弯曲。

画出或者写出3种有弹性的东西。

有些东西没有弹性,不可以弯曲。如果你想把它们弯过来,它们就会折断。

画出或者写出3种没有弹性的东西。

人体有很多有弹性的部位。找到你身上6处可以伸展和弯曲的部位。在这些部位上画一个圆点做标记。

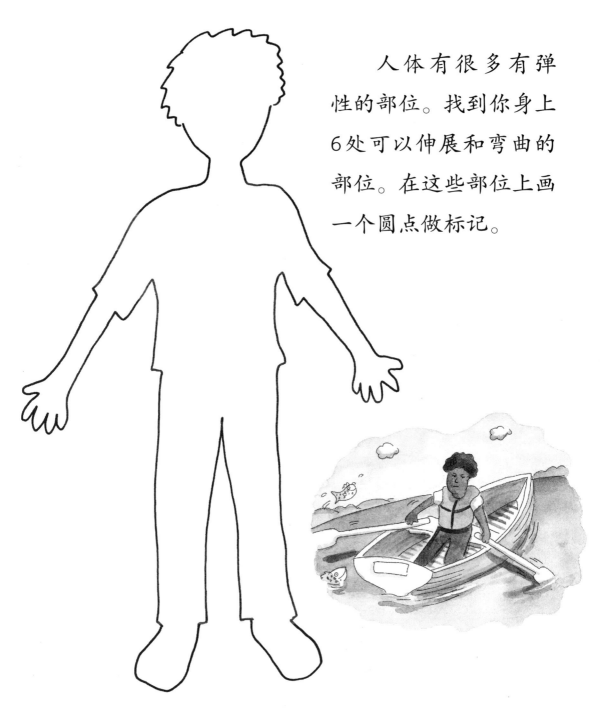

想象一下，如果你的身体完全不能弯曲或伸展，你的生活会变得多困难？如果身体没有弹性，有哪些你喜欢的活动想做却不能做呢？

你可能已经注意到了，一些人的身体比其他人的身体更有弹性。我们来看看你的身体有多大的弹性。

站起来。

双腿伸直，向前弯腰，试着去摸你的脚趾。

你能摸到脚趾吗？和你一起读这本书的大人能做到吗？

在下面的图中分别标记你和大人弯腰时能到达的位置。

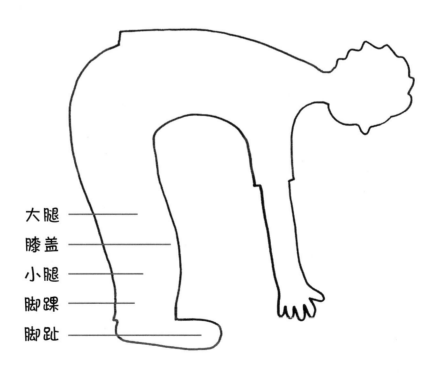

如果你想弯腰时能摸到地，需要做什么呢？

我们可以通过循序渐进的伸展练习让自己的身体更加灵活。如果你想弯腰时能摸到脚趾，就需要每周练习几次，每一次都超过原来能摸到的位置一点点。

如果练习时用力过猛或进展太快，就会拉伤肌肉，从而伤害自己。你需要每次只让肌肉伸展一点点。

你知道吗？你的想法可以是有弹性的，也可以是僵硬的。保持头脑灵活意味着，你可以根据自己的需要调整或改变自己的想法。

看一看下面的这两个孩子。

其中一个孩子的想法是有弹性的，这意味着，当一件事与她所期望的不一样时，她不会很难过。相反，她会调整自己的想法，做出其他选择，让自己感觉好一点。

另一个孩子的想法是没有弹性的，她希望事情按照自己的意愿进行，如果没能如愿，她会很沮丧。

这两个孩子都喜欢蓝色。到了吃午饭的时候,妈妈告诉她们,蓝色的杯子没有洗,是脏的。你认为想法有弹性的孩子会怎么说?想法没有弹性的孩子又会怎么说?哪个孩子可能更快乐一些?把她圈起来,再写出她们可能会说的话。

如同没有弹性的身体会遇到很多问题一样,想法缺乏弹性也一样。

想法缺乏弹性的孩子总会感到沮丧和愤怒。当有人硬要他们改变想法时,他们会觉得自己被强迫分成了两半,会用大喊大叫、哭闹等方式来宣泄愤怒。

缺乏弹性和负面思考往往相伴相随。大脑没有弹性时，你很难把注意力从不好的方面转移开，就像有强力胶把一个奇怪的放大镜牢牢粘在你的手上，无论怎样都无法甩掉它。

就像锻炼可以让身体变得更有弹性一样，你可以通过循序渐进的练习来强化自己的大脑，让它变得更有弹性。

接下来你将会学到一些增强大脑弹性的练习。每次练习都会使你的大脑变得更加灵活，而大脑中正面思考的部分也会变得更加强大。拥有一个灵活、善于正面思考的大脑会使你感到更快乐。

练习1：跨栏

第一个练习是你已经知道的——跨栏。

你可能用腿跨过很多东西，那你想过你的大脑会如何跨越障碍吗？实际上，这件事并没有那么难，因为无论你用的是腿还是大脑，你都要遵循4个步骤。

1. 看到栏架。

2. 决定跨过去。

3. 思考怎么做。

4. 跨过去。

前2个步骤可能看起来很简单，可实际上却是4个步骤中最重要的。想象一下，你在跑障碍赛，你到了第一个栏架前，但你却没有看到它。接下来，你会撞上它，还可能受伤。

当你遇到问题时，需要正确看待这个问题，然后才能决定该怎么做。

还记得第一章里的那个男孩吗？他不知道这些。当看到栏架挡住了路时，他就被困在那里了。事实上，因为他的想法是负面和缺乏弹性的，所以他无法继续前进了。

他被这个栏架弄得很生气，觉得很不公平。他甚至都没有想到要跨过这个栏架。要是你在现场能告诉他就好了。

当你遇到问题时，想想那个男孩，想想他是怎样被困住的，他又是怎样站在那里抱怨的。这实际上对他没有任何帮助。

当你遇到问题时，你需要做的第一件事就是**看清栏架**。你需要意识到，你正在处理一个问题。

你要做的下一件事就是**决定跨过去**。一旦你作出这个决定，事情就变得容易多了。

但是，跨过一个"问题"意味着什么呢？它意味着把问题抛在身后。你要解决问题或者把注意力转移到别的事情上，继续前进。

你可能已经知道一些解决问题的办法,让我们来复习一下。

头脑风暴是个好主意,它可以让我们想出很多办法。头脑风暴和跨越栏架都能锻炼我们的大脑,让大脑保持灵活,充满弹性。

看看你是否能就这个问题进行头脑风暴。

你想请朋友来家里玩,可是妈妈要带姐姐去练体操,没办法招待他。

你不生气,而是想:我要跨过这个栏架。

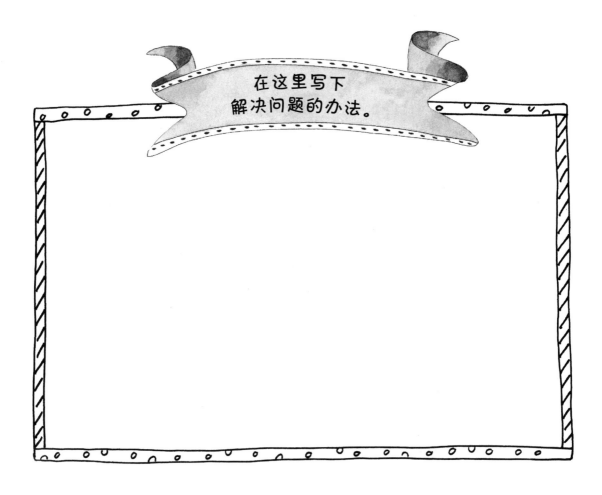

在这里写下
解决问题的办法。

你可能想出了很多跨越栏架的方法,可能有各种各样的解决办法。下面列出了一些。

✳ 你可以选择去朋友家玩。

✳ 带朋友一起去体操房,在那里玩。

✳ 在姐姐练习体操时,读一本好书,明天再请朋友来。

现在让我们练习生活中的一些实例。

在下面的每一个栏架上写一个你遇到过的问题。对于每个问题，想出至少一种解决方法。解决方法要符合现实，尽量去想你可以独立完成的解决方法，而不是你期待发生或者别人帮你实现的解决方法。

从现在开始,当你遇到问题时,就要想一想怎样跨过去。不要再生气,不要抱怨,也不要被卡在困境里,而是要告诉自己:"这是一个栏架,我要跨过去。"

做一个提示牌,提醒自己。

跨过去!

第六章

找一个教练

专业的田径运动员通常都有教练,教练是帮助你学习新技能的人,还会提醒你该做什么。虽然你很快会成为自己的教练,但是,最初做这些练习时,你可能需要别人的帮助。

看看你能否想出两三个大人当你的教练，在你做一些练习的时候，他们可以指导你。

在这里写下教练的名字。

1. _____
2. _____
3. _____

这一章将帮助你和教练学会怎样合作，所以你一定要跟教练一起阅读这些内容。

还记得那个奇怪的放大镜吗?它让事情不好的方面看起来更大。当你读完这本

书后,这个放大镜已经在书架上落满了灰尘。(也就是说,你不再把它拿在手上了。)

不过现在,你可能还是经常拿着它,因为你已经习惯了。你只要拿着它,它就直接对准**问题**,让问题看起来大得吓人。

阅读下面的事例，在图中圈出**问题**（放大镜对准的地方）。

你在溜冰场过生日。你和朋友们滑了一个小时后，该吃蛋糕了。服务员拿出生日蛋糕，上面还点着蜡烛，可是，蛋糕上的糖霜是白色的，而你最喜欢的是巧克力糖霜。

昨天课间，你和最好的朋友玩了捉迷藏。今天，你还想玩这个游戏，于是吃完午餐就往操场跑。当到达操场时，你却看到朋友和别人在跳绳。

你坐在车里,弟弟睡着了,
他的呼噜声太吵了,让你很烦躁。

让我们看一下最后一件事。这时,放大镜正对准你的弟弟,对不对?他的呼噜声越来越令人讨厌,你难以忍受。你会说:"别再打呼噜了!"但是,他当然不会停止打呼噜。然后你会说:"妈妈,他的呼噜声太吵了。"而你妈妈则会说:"别抱怨了。"

放大镜现在会对准哪里呢?在上面的图中圈出来。

它将对准妈妈!

当你手里紧握着放大镜时,你就会不停地转动它,用它对准任何不合你心意的人或者事。你会觉得,那个人或那件事看起来很讨厌。

那么,现在有个问题:如果你的妈妈是你的教练呢?如果你妈妈一直和你一起读这本书,她现在可能知道,当你负面思考的时候,她不应该只是说"别抱怨了"。如果她知道你遇到了问题,可能会说:"跨过去。"

想想你会说什么,把你的想法写在下面吧!要诚实回答哦!

如果你像大多数孩子一样,可能会说:"妈妈真讨厌。"这是因为你当时很生气,而且正拿着放大镜。当放大镜对准妈妈时,你可能会想:她总是责怪我,她不关心我。

这时,你很难听进去妈妈的话,更想去踢那个栏架而不是跨过它。

那么,你的妈妈(或其他教练)应该怎么做呢?

你的教练应该做的第一件事就是理解你的感受。在弟弟打呼噜这个例子中,你说:"妈妈,他太吵了。"这时,你妈妈最好顺着你说:"听起来真的打扰你了。"

当有人理解你的感受时,你会稍微放松下来,就不会把放大镜抓得那么紧。

像图上的这些话能让你感到被理解。一开始,你的教练应该先用这些话来跟你沟通。

接下来会发生什么?

大多数人都不喜欢别人告诉他们该怎么做。如果教练告诉你"跨过栏架",你可能想跟他争辩,只是因为你不想听从他的指令。

你的教练可以试着这样问:"你认为应该怎么做?""还记得跨栏的事情吗?"

对一些孩子来说,幽默很管用,只不过,要笑话的是那些讨厌的栏架,而不是关于他们跨栏架时遇到的麻烦。

有些孩子喜欢和教练一起约定暗号。比如,你和教练事先约定好,眨眼就表示跨越;你的教练可以做一个夸张的表情,示意你"跨过去"。暗号很有趣,它让你有一种神秘感,也会保护你的隐私,同时帮助你记住那些因为只顾生气而难以记住的方法。

教练怎样才能更好地帮助你呢？他又该怎样提醒你使用那些新方法呢？

把你的建议写在下面。

第七章

练习2：把不愉快抛在身后

擅长跨栏的孩子会顺利地跨过栏架。他们不会对栏架大惊小怪，一旦跨了过去，就不会再回头看。

如果一个孩子跨过栏架后，却在想：这真够难的，我讨厌跨栏。我总是要跨栏，真不公平。这样想会导致两个不好的结果。

1. 他会一直不高兴,即使已经跨过了栏架。

2. 他将无法集中精力完成剩下的障碍赛程。

但有些孩子偏偏会这样,他们克服了生活的障碍,又继续抱怨。

这些孩子就好像背着一个沉重的糟糕记忆背包,每次遇到不好的事情,他们就把它塞进背包,走到哪儿都背着这个背包。

那些倾向于负面思考的孩子往往会背着这种背包。因为他们的记忆背包里装着一切坏的、不公平的事情,所以他们忘不掉这些不愉快的经历。

你的糟糕记忆背包里装了哪些事情呢？把它们写在下面的背包上。那些困扰你的事可能发生在很久以前，或者是任何人都无法解决但你仍然觉得不开心的事情。

你可能知道，糟糕记忆背包很沉重，一直背着它到处走会让人感觉消极、爱抱怨。

可你不知道的是，你可以选择把它放下来。

想象一下，你把那个沉重的背包从身上解开，放在那儿，然后离开。将所有的不愉快留在背包里，然后将包丢在身后。

下次再遇到问题时，你要下定决心去解决它。（提示：跨过去！）一旦问题解决了，你就不需要把它塞进糟糕记忆背包里了。记住，这个背包不会再在你身上了！

糟糕记忆背包放在哪里合适？在下面的图中把它画出来吧。

远离糟糕记忆背包，把目光投向前方，这样生活就容易得多，也有趣得多。

第八章

练习3：转换思维模式

如果你每天都在练习跨栏，如果你把糟糕记忆背包抛在了身后，可能会发现自己感觉好多了。你的大脑正变得越来越灵活，遇到问题不会束手无策了。

但有时，即使你努力跨越栏架，将糟糕的记忆抛在身后，每当遇到问题时，你满脑子仍然都是消极的想法。

你无法决定哪些想法会冒出来，但你可以决定如何回应这些想法。

要记得，有些人的大脑天生就会倾向于负面思考。如果你恰好是这样，那你就要不断强化自己的大脑学会正面思考。你可以通过转换思维模式来实现这一点。

假设下面的两个圆圈代表一个硬币的两面。正面代表积极的想法，背面代表消极的想法。现在请你把自己的想法填在这两个圆圈里。

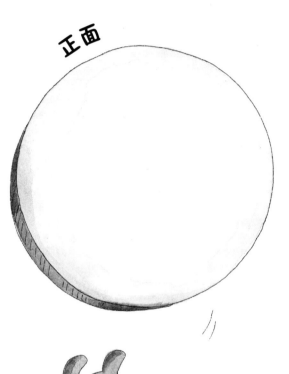

现在去找一枚真正的硬币，把它向上抛，是正面着地还是背面着地呢？

再抛一次。

重复抛几次。

你会看到，硬币有时正面朝上，有时背面朝上。你的大脑也是这样的。有时它关注一件事情好的方面，这时你就会感到快乐；有时它关注一件事情不好的方面，这时你会感到愤怒或悲伤。

但是，你可以学会转换大脑的思维模式，就像抛硬币一样。

当你把注意力集中在事情不好的方面时，你可以像以前那样抱怨，但这么做只是浪费时间，不如去做点有用的事情。

没错，你有选择的权利。

你可以转换思维模式，去关注事情好的方面。

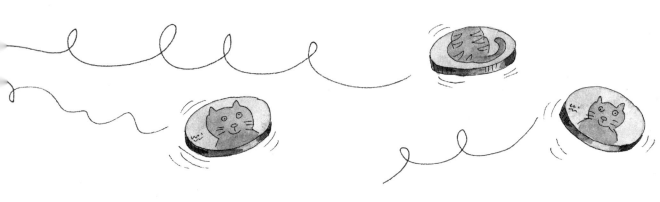

你能不能找出下面每件事情好的一面。

老师带了雪橇,想让同学们课间玩,但校长却说外面太冷了,不能出去玩。

你喜欢吃蛋糕,但最后一块被哥哥吃了。

你正在玩游戏,爸爸说该睡觉了。

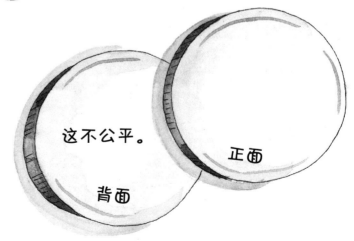

当事情跟你想的不一样时，你会伤心或者生气，这很正常，因为我们都会有这种感觉。

可是，即使你一直纠结于那些不好的方面，它们也无法变成好的方面。唯一会发生的事情就是你会一直不开心。所以，一直盯着不好的方面对你没有任何帮助。

告诉自己："我不喜欢事情变成这样，但我必须要想办法处理它。"然后转换思维模式。

想象一下，大脑就好像一枚硬币在空中旋转，这一次正面朝上落地。找出这件事值得关注的好的方面，或者想想该如何处理这件事，将注意力放在解决问题上。

在以后的日子里，看看能否找到一些机会来练习转换思维模式。

第九章

练习4：击掌游戏

如果你将大脑当作硬币，可是正面是一片空白，该怎么办？有时候，尤其是沮丧的时候，我们很难注意到事情好的方面。

击掌游戏将强化大脑正面思考的部分，教它看到事情好的方面。

这个游戏是这样玩的：你要设想一件真正让你生气的事情，然后握紧拳头。这表示当你盯着事情不好的方面时会有的糟糕感受（愤怒）。

接下来，想一些好事。当你想到一件好事时，你就伸出一根手指。

现在再想出另一件好事，伸出另一根手指。

一直这样做下去，直到5根手指都伸出来。

这时，你可以与身边的大人击掌，或者用这只手拍拍自己的肩膀，鼓励自己。

你的教练（你的父母或其他成年人）可以帮你想起一些高兴的事情。只有一个要求就是，那些好事情必须与你抱怨的情况相关，而不能只是让你感到快乐。

例如，炎热的夏天，你和要好的朋友去一家冰淇淋店，可你最喜欢的巧克力冰淇淋已经卖完了。

符合要求的好事情

❋ 我一直想尝尝巧克力花生酱冰淇淋。这个也好吃!

❋ 吃冰淇淋会让我感觉很凉爽。

❋ 我的好朋友刚刚讲了一个有关冰淇淋的笑话。

❋ 卖冰淇淋的人很友善。

❋ 其他口味的冰淇淋上面也有一些巧克力糖浆。

不符合要求的好事情

❋ 晚餐吃比萨。

❋ 邻居家的狗特别酷。

❋ 学校放假一个月!

❋ 今天早上投篮真够爽!

❋ 下周我们要去海边。

完全不符合要求的想法

　　如果没别的选择,我就勉强吃其他口味的冰淇淋。

现在你也来试试这个游戏。先读一读下面描述的事情。

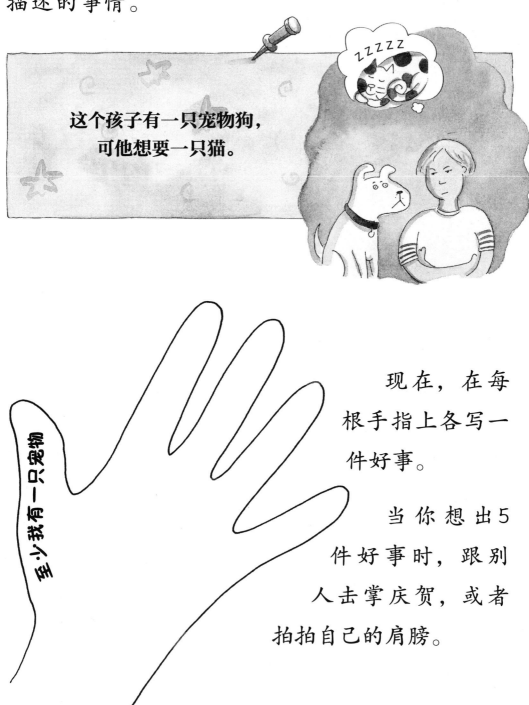

这个孩子有一只宠物狗，可他想要一只猫。

至少我有一只宠物

现在，在每根手指上各写一件好事。

当你想出5件好事时，跟别人击掌庆贺，或者拍拍自己的肩膀。

你一直在抱怨什么呢？把它们写在下面吧！

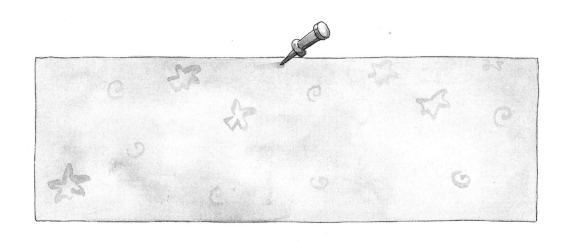

现在想想你可以关注的5件好事情。

一旦你想关注事情好的一面，需要想清楚好的一面是什么时，你就可以跟教练或者自己玩这个击掌游戏。

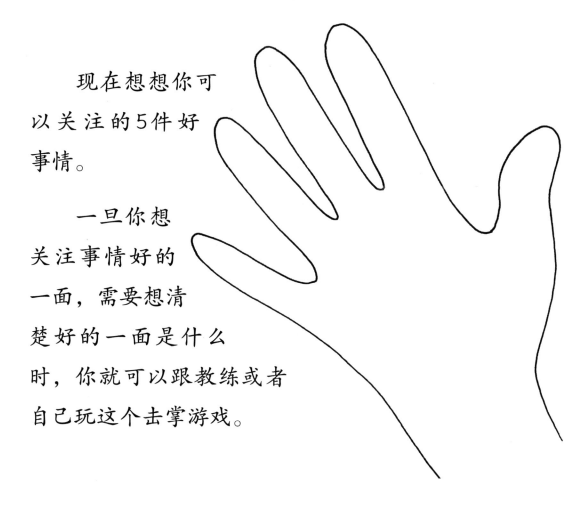

生气了，怎么办？

负面思考会产生愤怒。对一些孩子来说，这是瞬间发生的事。他们觉得"不公平"或者"我讨厌这样"时，情绪就"砰"的一下爆发了。

我要今天去游泳，不想明天去！

不公平！最后一片比萨应当归我！

你说过我可以熬夜和狗狗一起玩！

你生气的频率有多高？在下面这个刻度盘中圈出答案。

生气会让大脑关闭负责冷静思考的区域。

所以，如果你是非常容易生气的孩子，也许你要先冷静下来，才能做书里的练习。

想一想，在你生气的时候，你是如何控制愤怒情绪的？

休息是冷静下来的好方法。休息意味着你不用去思考那些好或坏的事情，它让你远离整件事情，让你的大脑和身体逐渐恢复正常。

当你休息的时候，你可能会继续抱怨，尽量不要这样做。告诉自己："我要休息一下，回头再思考这个问题。"然后试着把注意力转移到别的事情上。

有些孩子通过看书来休息。

有些孩子通过投篮来休息。

当你生气的时候，想想做什么对你有帮助。

做一些放松的事情，比如画画或看电视。

或者让自己动起来，比如和狗狗一起玩，骑自行车。

你的大脑也需要休息。

你可以做5次深呼吸，或者从10开始倒数。

你可以想象你的问题被热气球带走了。

或者想象你最喜欢的某件东西。

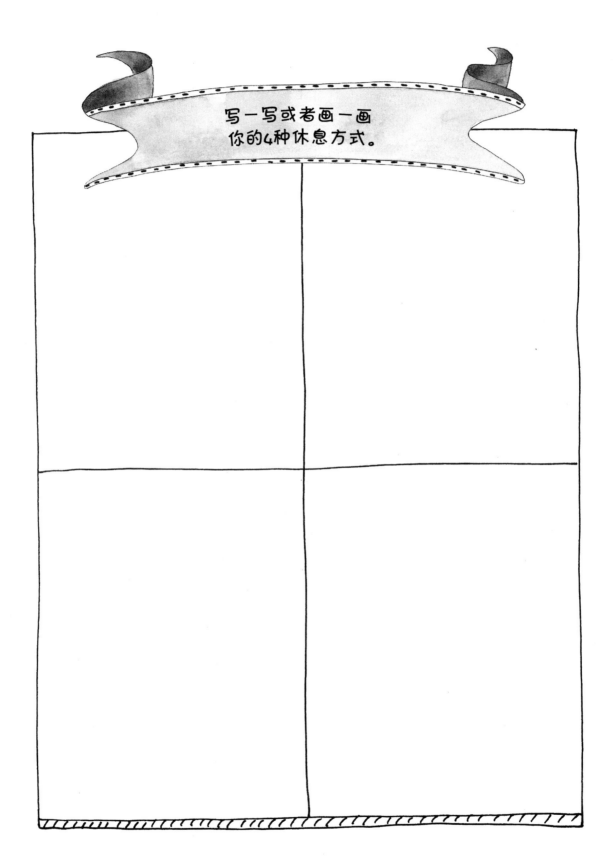

有人认为休息是件坏事。他们会说，你应该面对问题，而不是逃避问题。

但是，如果你仔细想想，就会发现陷入消极情绪时，很难用一种有效的方式来面对问题，相反只会不停地抱怨。抱怨可能会持续很久，会让情况变得更糟糕。

休息一下可以帮助你冷静下来，就像在击球前先停下来深呼吸一样。

当然，最终你还是需要面对那个让你生气的问题。有时候，休息过后这个问题已经不会再困扰你了，有时候，问题虽然还在，可你已经冷静下来了，愿意面对它。

第十一章

怎样保持积极的心态

既然你已经学会了如何由负面思考转向正面思考，那么，如何让大脑保持正面思考就至关重要。

第一种方法是继续做本书提到的那些锻炼大脑的练习，即使你已经完全会了，也要坚持练习。

第二种方法是，每天想一想生活中那些快乐的事情。

你有最喜欢的照片吗？你喜欢看它，因为它让你想起快乐的时光。看照片和回忆快乐时光可以让我们感觉更好，还会强化大脑中负责积极思考的区域。

你可以在心里建一个喜欢的记忆文件夹，把你感觉快乐或者自豪的事情存储在这个文件夹里。

想一想哪些事情可以放进你喜欢的记忆文件夹里，再写一写，画一画。

随着你逐渐长大，你可以在这个文件夹里存储越来越多的美好回忆。

第三种方法就是关注每天发生的好事情。也许朋友在午餐时给你留了座位,也许爸爸提前下班回家陪你玩,也许你的狗第一次听从你的指令。

有时,人们会忘记谈论生活中发生的好事。谈论美好的事情会让你感到更快乐,也会让身边的人更快乐!

在车里、吃饭时或者睡觉前（随时随地），你都可以和身边的大人聊一聊，告诉他们你对什么感兴趣，在想什么，遇到哪些有趣的好事情。

你的父母（或其他教练）也可以问你一些问题，帮助你留意一些好事情。下面列出了一些父母提问的例子，可以引导你的大脑积极思考。

起初，你可能不知道怎么回答。有些孩子不习惯谈论自己的事情，只习惯谈论遇到的问题或者困难。

父母不断问这类问题，就可以帮助你强化头脑中正面思考的区域。你的回答也有助于父母更好地了解你。

当需要帮助才能解决这些问题时，你仍然可以谈论这些问题。这很重要。只是不要花太多时间抱怨。

花时间讨论问题很正常。只是，生活中还有很多有趣的事情值得我们关注。

第十二章

你能做到！

你还记得第一次学会做减法吗？还记得第一次写自己的名字吗？当时你可能觉得这些都很难。学习一项新技能需要大量的练习。摆脱负面思维也需要练习。

现在对你来说，消极想法可能会轻而易举就冒出来，积极想法却几乎没有。如果你一遍又一遍地做书中的练习，真正专注于头脑中发生的一切，你就会注意到：练习变得越来越容易。

如果出了问题，也没什么大不了的。过去很费时间的问题（因为你会争吵和抱怨，生气，有时会陷入麻烦）很快就能得到解决。

你不用再拿着那个奇怪的放大镜了，那些不好的事情就不会显得那么大。专注于事情好的方面对你来说变得更加容易。不再抱怨，你就会感觉好多了。

因此，要记住：

- 遇到栏架要跨过去。
- 放下糟糕记忆背包。
- 转换思维模式。
- 练习击掌游戏。
- 打开喜欢的记忆文件夹。
- 时刻关注积极的事情。

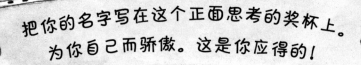

把你的名字写在这个正面思考的奖杯上。为你自己而骄傲。这是你应得的!

我真的太棒啦!